Franziska Letzel

Portfolio Praktikumsbericht Geographie Klasse 6 Gymnasium Sachsen

Mit Unterrichtsentwürfen zum Thema "Vulkanismus - Gefahren und Nutzen" sowie "Die Tschechische Republik - unser Nachbar"

GRIN Verlag

Bibliografische Information der Deutschen Nationalbibliothek:

Die Deutsche Bibliothek verzeichnet diese Publikation in der Deutschen National-
bibliografie; detaillierte bibliografische Daten sind im Internet über http://dnb.d-
nb.de/ abrufbar.

Impressum:

Copyright © 2011 GRIN Verlag, Open Publishing GmbH
Druck und Bindung: Books on Demand GmbH, Norderstedt Germany
ISBN: 978-3-656-21255-3

Inhaltsverzeichnis

I.   Einleitung und Bedingungsanalyse

Die vorliegende Arbeit stellt ein Portfolio zu den durchgeführten Schulpraktischen Übungen im Fach Geographie im Sommersemester 2011 dar.

Der erste Schwerpunkt der Arbeit liegt auf den Unterrichtsplanungen sowohl der hospitierten, als auch der selbst durchgeführten Stunden, wobei erstere in tabellarischer Form aufgelistet, letztere jedoch ausführlich dargestellt werden.

Darauf aufbauend bezieht sich der zweite Teil des Portfolios auf die Reflexion der Schulpraktischen Übungen. Zunächst werden dabei die selbst durchgeführten Unterrichtsstunden hinsichtlich des Erfolgs/Misserfolgs beurteilt und in Hinblick auf das bereits vergangene und zukünftige Studium analysiert. Anschließend erfolgt eine Betrachtung der hospitierten Unterrichtseinheiten der Kommilitonen dahingehend, dass der persönliche Mehrwert, der aus den Beobachtungen gezogen werden konnte, diskutiert wird. Abgeschlossen wird dieser Teil der Arbeit durch eine zusammenfassende Reflexion der gesamten Schulpraktischen Übungen. In diesem Zusammenhang erfolgt zudem eine theoretisch begründete Darstellung des eigenen Rollenverständnisses als Lehrer mithilfe ausgewählter didaktischer Modelle und Prinzipien.

Bei der Klasse, in der der Unterricht stattfand, handelt es sich um eine 6. Klasse. Sie besteht aus insgesamt 24 Schülerinnen und Schülern, davon 11 Mädchen und 13 Jungen. Das Klima innerhalb der Klasse ist sehr angenehm und ruhig, was eine gute Voraussetzung für einen effizienten und erfolgreichen Unterricht darstellt. Auf Grund des deutlich ausgeprägten Interesses des Großteils der Schüler an geographischen Sachverhalten, fällt es dem Lehrer nicht schwer, die Klasse für die jeweiligen Stundenthemen zu begeistern.

Die räumlichen und technischen Voraussetzungen für den Unterricht sind vorhanden, jedoch nicht durchgängig optimal. Der Fachraum für den Geographieunterricht ist für die Klassenstärke ideal und verfügt über eine Tafel, einen Kartenständer, sowie einen Overheadprojektor. Unmittelbar neben dem Klassenraum befindet sich ein Vorrat an Wandkarten, die jedoch teilweise sehr veraltet sind. Zudem verdeckt der Kartenständer mit einer aufgehängten Wandkarte den rechten Flügel der Tafel, der somit nicht bzw. nur eingeschränkt nutzbar ist. Zur Nutzung des Overheadprojektors kann der Raum mit Vorhängen verdunkelt werden, trotzdem ist die Bildqualität nicht sehr gut und gerade bei farbigen Darstellungen schwer erkennbar.

Die Schüler sitzen konventionell in 3 Reihen von Bänken mit jeweils 5 (Wand- und Mittelreihe) bzw. 4 Bänken (Fensterreihe) und verfügen über das Lehrbuch Terra Geographie Sachsen 6, sowie das dazugehörige Arbeitsheft. Zudem ist eine ausreichende Anzahl Atlanten vorhanden.

II. Unterrichtsplanungen

1. Tabellarische Übersicht aller Unterrichtsstunden

Lernbereich 6: Im Süden Europas

Datum	Lernziele und Lerninhalte[*]	Thema der Unterrichtsstunde	Tätigkeit
04.05.11	Anwenden der klimatischen Kenntnisse auf die landwirtschaftliche Nutzung - Bewässerungsfeldbau - Trockenfeldbau	Landwirtschaft Südeuropas	Hospitation
18.05.11	Kennen der Erscheinungen von Vulkanismus und Erdbeben sowie deren Auswirkungen auf das Leben der Menschen	Stunde 1: Wenn die Erde bebt… Stunde 2: Vulkanismus – Gefahren und Nutzen	Hospitation Unterricht
25.05.11	Übertragen der Kenntnisse zum Tourismus in den Alpen auf den Mittelmeerraum	Stunde 1: Massentourismus im Mittelmeerraum Stunde 2: Sanfter Tourismus als Alternative zum Massentourismus?	Hospitation Hospitation

<u>Wahlpflicht 2: Ein Nachbarstaat Deutschlands</u>

Datum	Lernziele und Lerninhalte[*]	Thema der Unterrichtsstunde	Tätigkeit
08.06.11	Einblick gewinnen in ausgewählte naturräumliche, wirtschaftliche und kulturelle Faktoren eines Nachbarstaates Deutschlands	<u>Stunde 1:</u> Die Tschechische Republik – unser Nachbar <u>Stunde 2:</u> Prag – die „Goldene Stadt" an der Moldau	Unterricht Hospitation
22.06.11	Einblick gewinnen in ausgewählte naturräumliche, wirtschaftliche und kulturelle Faktoren eines Nachbarstaates Deutschlands	<u>Stunde 1:</u> Dänemark – ein modernes Industrieland <u>Stunde 2:</u> Dänemark – Brücke zwischen Nord- und Mitteleuropa	Hospitation Hospitation

2. Detaillierte Darstellung der selbst durchgeführten Unterrichtsstunden

a) Stunde 1: Vulkanismus – Gefahren und Nutzen (18.05.11)

Lernziele:

Grobziel: Die Schüler kennen den Ablauf eines Vulkanausbruchs, sowie die Gefahren und den Nutzen von Vulkanismus.

Feinziele:

<u>Kognitiv:</u> Die Schüler sind in der Lage, den Aufbau eines Schichtvulkans, sowie den Ablauf eines Vulkanausbruchs mit Hilfe eines Blockbilds zu erklären. Sie kennen die Gefahren und den Nutzen von Vulkanen für den Menschen.

---

[*] die durch den sächsischen Lehrplan für das Fach Geographie am Gymnasium vorgegeben werden.

Affektiv: Die Schüler besitzen die Fähigkeit, sowohl die Gefahren, die von Vulkanen ausgehen, als auch den Nutzen, den die Menschen aus ihnen ziehen, differenziert zu betrachten.

Psychomotorisch: Die Schüler entwickeln die Fähigkeit weiter, einfache Sachtexte auszuwerten und ihnen sachdienliche Informationen zu entnehmen. Die Kompetenz der Schüler, themenbezogene Bilder zu beschreiben, wird weiter geschult.

Tabellarischer Verlaufsplan:

Zeit/Phase	Lehrer-/Schülertätigkeit	Sozialform/ Handlungs- muster	Material/Medien
Einstieg 08:35 – 08:42	○ Lehrer legt Folie mit Bildern zu Gefahr und Nutzen des Vulkans Ätna auf. ○ Schüler beschreiben die Bilder. ○ Lehrer nennt Stundenthema und klappt die Tafel mit der Überschrift auf. ○ 1 Schüler zeigt an der Topographischen Karte den Ätna (wenn kein Schüler den Ätna zeigen kann, wird dies vom Lehrer übernommen) ○ Lehrer stellt den Ätna als Vulkan kurz vor.	○ Lehrer- /Schülergespräch	○ Overheadprojektor ○ Folie mit Bildern des Ätna ○ Tafel ○ Topographische Karte „Vulkanismus und Erdbeben weltweit"
Erarbeitung 1 08:42 – 08:50	○ Lehrer erklärt anhand des Blockbilds, wie ein Schichtvulkan aufgebaut ist und wie ein Vulkanausbruch abläuft. ○ Im Anschluss bearbeiten Schüler im Arbeitsheft S. A25 die Aufgabe 1.	○ Lehrervortrag ○ Einzelarbeit	○ Overheadprojektor ○ Folie mit Blockbild „Aufbau Schichtvulkan" ○ Arbeitsheft S. A25

Ergebnis-sicherung 1 08:50 – 09:00	∘ Vergleich der Ergebnisse der Aufgabe 1 ∘ Lehrer schreibt Definition vom Schichtvulkan an die Tafel, Schüler übernehmen in den Hefter. ∘ Währenddessen bereitet Lehrer die Tabelle für die Partnerarbeit an der Tafel vor.	∘ Lehrer-/Schülergespräch	∘ Arbeitsheft S. A25 ∘ Tafel
Erarbeitung 2 09:00 – 09:10	∘ Lehrer erklärt Aufgabe für die Partnerarbeit und teilt die Klasse in zwei Hälften. ∘ Schüler erarbeiten mit Hilfe des Lehrbuchs jeweils den Nutzen oder die Gefahren von Vulkanen.	∘ Lehrervortrag ∘ Partnerarbeit	∘ Lehrbuch Seite 143 (Gefahren), 145 (Nutzen
Ergebnis-sicherung 2 09:10 – 09:20	∘ Schüler tragen Ergebnisse vor, Lehrer schreibt an der Tafel mit. Schüler ergänzen im Hefter.	∘ Lehrer-/Schülergespräch	∘ Tafel
Puffer/ Hausaufga-be: Übertragung/ Transfer (10 min)	∘ Lehrer teilt AB mit Rätsel zum Stundenthema aus und erklärt die Aufgabenstellung. ∘ Schüler lösen das Rätsel. ∘ Vergleich der Ergebnisse, Lehrer füllt auf der Folie das Rätsel aus.	∘ Lehrervortrag ∘ Einzelarbeit ∘ Lehrer-/Schülergespräch	∘ Arbeitsblatt mit Rätsel ∘ Folie mit Rätsel

b) Stunde 2: Die Tschechische Republik – unser Nachbar (08.06.11)

Lernziele:

Grobziel: Die Schüler kennen ausgewählte naturräumliche, wirtschaftliche und kulturelle und Faktoren der Tschechischen Republik und sind in der Lage, diese im Zusammenhang mit dem Tourismus zu betrachten.

Feinziele:

<u>Kognitiv:</u> Die Schüler sind in der Lage, die Tschechische Republik an der Topographischen Karte zu lokalisieren, sowie Hauptstadt, Nachbarländer und einige zentrale statistische Daten zu benennen. Sie kennen wichtige Rohstoffe und Industriezweige und können darauf aufbauend den Fahrzeugbau der Automarke „Skoda" erklären. Zudem besitzen sie Kenntnisse zu weiteren typisch-tschechischen Produkten und Besonderheiten.

<u>Affektiv:</u> Die Schüler besitzen die Fähigkeit, das Potential und die tatsächliche Nutzung der Tschechischen Republik als Urlaubsland differenziert zu diskutieren.

<u>Psychomotorisch:</u> Die Schüler entwickeln die Fähigkeit weiter, einfache Sachtexte sowie themenbezogene Atlaskarten auszuwerten und ihnen sachdienliche Informationen zu entnehmen.

Tabellarischer Verlaufsplan:

Zeit/Phase	Lehrer-/Schülertätigkeit	Sozialform/ Handlungsmuster	Material/Medien
Einstieg 07:45 – 07:50	○ Wiederholung letzte Stunde ○ Lehrer leitet zum Stundenthema über, zeigt Karlsbader Oblaten und lässt die Schüler diese benennen. ○ Lehrer klappt Tafel mit Stundenthema auf.	○ Lehrer-/Schülergespräch	○ Karlsbader Oblaten ○ Tafel
Erarbeitung 1 + Sicherung 1 07:50 – 08:00	○ Schüler zeigen an der Topographischen Karte die Tschechische Republik, benennen Hauptstadt und Nachbarländer. ○ Lehrer schreibt an die Tafel, Schüler übernehmen in den Hefter ○ Lehrer erklärt Fläche, Bevölkerungszahl und Bevölkerungsdichte der	○ Lehrer-/Schülergespräch ○ Einzelarbeit ○ Lehrervortrag ○ Einzelarbeit	○ Topographische Karte „Europa Physisch" ○ Tafel ○ Folie „Die Tschechische Republik in Zahlen"

	Tschechischen Republik im Vergleich zu Deutschland. ∘ Schüler übernehmen von der Folie in den Hefter		
Erarbeitung 2 08:00 – 08:05	∘ Lehrer erklärt Aufgabe zur Atlasarbeit und fragt die Schüler nach einer geeigneten Seite im Atlas. ∘ Schüler suchen mit Hilfe des Atlas 3 Bodenschätze und 5 bedeutende Industriezweige heraus.	∘ Lehrer-/Schülergespräch ∘ Einzelarbeit	∘ Atlas
Sicherung 2 08:05 – 08:10	∘ Vergleich der Ergebnisse, Lehrer schreibt an der Tafel mit.	∘ Lehrer-/Schülergespräch	∘ Tafel
Erarbeitung 3 08:10 – 08:22	∘ Lehrer teilt Arbeitsblatt aus, setzt einzeln sitzende Schüler zusammen und erklärt den ersten Teil der Aufgabe. ∘ Schüler lesen jeweils Arbeitsblatt 1 (Skoda) oder Arbeitsblatt 2 (Unser Nachbar Tschechien) ∘ Anschließend erklären sich die Schüler gegenseitig das Gelesene. ∘ Dann erklärt der Lehrer den zweiten Teil der Aufgabe (Wettbewerb Lückentext) und klappt die Tafel mit den gesuchten Begriffen auf. ∘ Schüler füllen den Lückentext aus.	∘ Lehrervortrag ∘ Einzelarbeit ∘ Partnerarbeit ∘ Lehrervortrag ∘ Partnerarbeit	∘ Arbeitsblatt ∘ Tafel
Sicherung 3 08:22 – 08:25	∘ Vergleich Lückentext	∘ Lehrer-/Schülergespräch	∘ Arbeitsblatt

Übertragung/ Transfer 08:25 – 08:30	◦ Lehrer stellt Problematisierungsfrage: Warum ist die Tschechische Republik in Deutschland als Urlaubsland so wenig bekannt?	◦ Lehrer-/Schülergespräch	

III. Reflexionen

1. Reflexion der selbstständig durchgeführten Unterrichtsstunden

Nachdem ich während meines Blockpraktikums und der Schulpraktischen Übungen in Gemeinschaftskunde bereits einige Unterrichtsstunden durchführen konnte, fiel mir die Planung der beiden Stunden bereits leichter als zu Beginn meines Studiums. So entwickle ich mittlerweile sehr schnell eine theoretische Vorstellung des Unterrichtsablaufs im Kopf, während die konkrete Ausarbeitung noch deutlich mehr Zeit in Anspruch nimmt.

Besonders die Planung der ersten Unterrichtsstunde zum Thema „Vulkane – Gefahren und Nutzen" bereitete mir Freude, da mich die Thematik auch persönlich sehr interessiert und ich von meinen eigenen Erfahrungen während eines Besuchs des Ätna vor einem Jahr profitieren konnte. Nachdem auch die Besprechung meiner Planung sehr positiv verlief und ich nur minimale Änderungen vornehmen musste, freute ich mich sehr auf die erste Unterrichtsstunde.

Diese verlief trotz aller anfänglichen Zweifel gut und bestärkte mich noch während der Durchführung sehr stark in meinem Vorhaben, Lehrerin zu werden. Es machte mir unglaublich Freude, die Schüler zu unterrichten und ihnen die Thematik des Vulkanismus näher zu bringen. Der Umgang mit den Schülern gelang mir schon sehr gut und ich versuchte stets darauf zu achten, dass alle Schüler hinterherkamen und sowohl die Thematik selbst, als auch die Struktur und den Ablauf der Stunde nachvollziehen konnten. So vergewisserte ich mich regelmäßig darüber, wie weit die Schüler beim Erfüllen einer Aufgabe waren und gab ihnen Rückmeldungen, wie viel Zeit ihnen noch zur Verfügung steht.

Zudem versuchte ich die Erfahrungen aus bereits durchgeführten Unterrichtsstunden und die entsprechenden Hinweise der Mentoren zu nutzen, um typische Fehler zu vermeiden und eine gewisse Routine bei bestimmten Schritten herzustellen. Dazu gehört vor allem das Formulieren von klaren Aufgabenstellungen, was mir immer besser gelingt. Des Weiteren betrifft dies den Umgang mit Unterrichtsstörungen, was einen zentralen Aspekt darstellt, der viele angehende Lehrer, und so auch mich, verunsichert. Durch einige Zusatzveranstaltungen vom Lehrstuhl für Didaktik des Gemeinschaftskundeunterrichts und die Erfahrungen in den SPÜ meines Zweitfachs in einer sehr undisziplinierten Klasse an einer Mittelschule, fällt es mir mittlerweile leichter, mit Unterrichtsstörungen umzugehen. So gelang es mir, einige Störungen von Seiten der Schüler, erfolgreich zu bewältigen.

Die besondere Angst, auf Fragen von Seiten der Schüler nicht souverän antworten zu können, war unbegründet und die Gewissheit, diese Aufgabe gut meistern zu können, stärkte mein Selbstbewusstsein. Die Zeitplanung lief während der ersten Hälfte der Stunde sehr gut, zum Ende hin fehlten mir jedoch einige Minuten, da die Schüler für das Abschreiben von der Tafel länger brauchten, als ich vermutet hatte. Ich versuchte aber, mir diese kleine Unsicherheit nicht anmerken zu lassen, was mir nach Aussage meiner Kommilitonen und meines Mentors auch gelang.

Trotz des sehr positiven Gefühls während und nach der Unterrichtsstunde, traten natürlich auch einige Probleme auf. Viele dieser Aspekte wurden vor allem in der anschließenden Auswertung durch meine Kommilitonen und meinen Mentor deutlich.

So fällt es mir noch schwer, von der wissenschaftlichen Fachsprache, die man an der Universität verwendet und sich selbst bereits angeeignet hat, auf das Verständnis und die Sprache der Schüler zu wechseln. Das fällt insbesondere im Fall eines Lehrervortrags auf, den man für sein Verständnis vielleicht schon sehr einfach formuliert hat, der jedoch von den Schülern nicht vollständig erfasst werden kann. So stellten sich meine Erklärungen zum Aufbau und Ausbruch eines Schichtvulkans als zu umfangreich und zudem zu schnell durchgeführt heraus. Insbesondere das Tempo beim Sprechen und Erklären stellt ein Problem dar, dessen ich mir bereits seit längerem bewusst bin und doch immer wieder darauf achten muss.

Obwohl ich sehr bemüht bin, klare und verständliche Aufgabenstellungen zu formulieren, stellt auch dies vereinzelt noch ein Problem dar. So hatte ich das Gefühl, dass der Auftrag zur Gruppen- bzw. Paarbildung unklar war, weshalb im Endeffekt viele Schüler allein, und nicht wie beabsichtigt, gemeinsam die Aufgabe lösten. Als ich das während des Unterrichts bemerkte, hätte ich sofort darauf bestehen sollen, dass sich allein sitzende Schüler zusammen setzen und paarweise arbeiten.

Einige der aufgetretenen Probleme konnte ich durch die detaillierte Auswertung bereits in der zweiten Unterrichtsstunde zum Thema „Die Tschechische Republik – unser Nachbar" verbessern. Diese verlief jedoch nach meiner Einschätzung nicht so gut, wie die erste.

So fiel es mir schwer, den roten Faden der Unterrichtsstunde klar herauszustellen und die einzelnen Arbeitsschritte vor allem sprachlich miteinander zu verbinden. Ebenso hatte ich den Eindruck, das Ziel der Unterrichtsstunde, sowie den Sinn der einzelnen Aufgaben, vor allem der Arbeitsblätter, nicht genau erklärt zu haben. Im Vorfeld hatte ich mir einen solchen roten

Faden erarbeitet und hatte das obere Ziel der Stunde genau vor Augen, deren Umsetzung mir jedoch nicht ausreichend gelang. Da mir am Ende der Stunde erneut die entscheidenden 5 Minuten fehlten, war es mir zudem nicht möglich, die abschließende Problematisierungsfrage zu diskutieren und den Unterricht so thematisch abzurunden und auf die Stunde meiner Kommilitonin überzuleiten. Auf Grund dessen konnte mein affektives Ziel nicht realisiert werden.

Zudem unterlief mir ein Fehler beim Vergleichen der Atlasarbeit. Ich hatte mir bei der Vorbereitung nur die wichtigsten Bodenschätze und Industriezweige herausgesucht, außerdem verfügte ich über einen Atlas, der sich von dem der Schüler unterscheidet. Beim Vergleich nannten die Schüler jedoch verständlicherweise sämtliche in der Karte auffindbaren Lösungen. Dies führte dazu, dass ich nicht wusste, welche davon überhaupt korrekt waren und versäumte es, die wichtigsten Bodenschätze und Industriezweige zu betonen und klar herauszustellen.

Mein äußerst negativer Eindruck der Unterrichtsstunde wurde in der anschließenden Auswertung mit meinen Kommilitonen und meinem Mentor in gewisser Weise relativiert. So wurden auch viele positive Aspekte hervorgehoben, die mir nicht bewusst geworden waren. Dies betraf vor allem den Mangel an Zeit zum Ende der Stunde, mit dem ich nach außen hin wieder souverän umging und mir meine innere Verdrießlichkeit nicht anmerken ließ. Zudem wurde mein lesbarer Tafelanschrieb bemerkt, an dem ich meinerseits jedoch noch stark arbeiten möchte, da ich vielfach zu Gunsten der Lesbarkeit zu groß schreibe und demnach der Platz häufig nicht ausreicht.

Im Vergleich zur ersten Unterrichtsstunde gelang es mir diesmal, die Schüler zur Partnerarbeit zu animieren, indem ich darauf bestand, dass einzeln sitzende Schüler sich umsetzen und gemeinsam arbeiten. Während ich durch die Klasse ging und darauf achtete, dass die Schüler die Aufgabe auch wirklich zusammen lösen, hätte mir jedoch auffallen müssen, dass viele Paare sich die unterschiedlichen Texte einfach nur vorlasen und nicht, wie beabsichtigt, gegenseitig erklärten. Dass die gestellten Aufgaben auch wirklich so bearbeitet werden, wie sie aufgegeben wurden, darauf werde ich in Zukunft besonders achten.

So zeigte sich bei der Auswertung beider Unterrichtsstunden deutlich, dass man je nach dem persönlichen Eindruck der eigenen Performanz, sehr zu Über- bzw. Unterbewertung der Leistung neigt. Besonders deshalb waren die Auswertungen nach jeder Stunde so hilfreich, da einem selbst sehr viele Aspekte nicht auffallen. So gelang es mir, an thematisierten Problemen aus vorhergehenden Praktika und der ersten SPÜ-Unterrichtsstunde zu arbeiten und Ratschläge von Kommilitonen und Mentoren möglichst unmittelbar umzusetzen.

2. Reflexion der hospitierten Unterrichtsstunden

Neben den selbst durchgeführten Unterrichtseinheiten stellen sich mir insbesondere die hospitierten Stunden der Kommilitonen als sehr hilfreich dar. Das betrifft nicht nur die konkrete Beobachtung des Unterrichtsverlaufs, sondern in besonderem Maße auch die anschließende Analyse und Diskussion. Indem sämtliche Hinweise und Anmerkungen der Kommilitonen und des Mentors ausgewertet werden, ist ein deutlicher Lernzuwachs möglich, welcher letztendlich den Erfolg der Schulpraktischen Übungen bestimmt.

Besonders interessant zu beobachten war die Tatsache, dass sich bereits in diesem Stadium der Ausbildung bei jedem angehenden Lehrer ein ganz bestimmter Unterrichtsstil zu formen beginnt. Obwohl es sich momentan noch im Wesentlichen um die ersten Unterrichts-"versuche" handelt, so besitzt doch jeder bereits eine eigene Vorstellung des Unterrichtens. Das zeigt sich sowohl in der Methoden- und Medienverwendung, als auch im konkreten Auftreten vor der Klasse und dem Umgang mit den Schülern. Sich über diese unterschiedlichen Vorstellungen auszutauschen und daraus Anregungen für das eigene Unterrichten zu entnehmen, stellte sich in Hinblick auf den Fortgang des Studiums als sehr hilfreich heraus.

In Bezug auf die Hospitation des Unterrichts meiner Kommilitonen bedeutete insbesondere die Erkenntnis über die Wirkung konkreter Handlungen im Unterrichtsverlauf einen Mehrwert. So war es interessant zu beobachten, wie das Auftreten vor den Schülern im Klassenraum wirkt und welche Konsequenzen aus spezifischen Handlungen erfolgen, die man auch selbst im eigenen Unterricht unternimmt, sich über deren Konsequenzen aber nicht bewusst ist und demnach nicht hinreichend reflektiert. Dies betrifft zum Beispiel die Klarheit von Arbeitsaufträgen. Trotz aller Bemühungen, die Aufgabenstellungen für die Schüler eindeutig und genau zu formulieren, kommt es doch immer wieder dazu, dass diese nicht richtig verstanden werden oder in ihrer Konsequenz nicht das erreichen, was als Ergebnis beabsichtigt war.

Des Weiteren ist es die Beobachtung des konkreten Auftretens vor der Klasse und dessen Wirkung, die zu einem deutlichen Lern- und Erfahrungszuwachs führte. Dies betrifft sowohl Faktoren wie die Lautstärke und Deutlichkeit der Sprache, als auch die konkrete Interaktion mit den Schülern, sei es bei der gemeinsamen Durchführung einer Unterrichtsphase oder der helfenden Unterstützung bei Unverständnis und Problemen. In diesem Zusammenhang war besonders die vergleichende Reflexion während der Hospitation unersetzlich: Wie hätte ich in dieser Situation gehandelt? Was wäre meine Reaktion gewesen?

Zudem erfolgte durch die Hospitationen eine Erweiterung der Kenntnisse über spezifische Unterrichtsmethoden (zum Beispiel Stadtbummel durch Prag) und die unterschiedlichen Möglichkeiten des Aufbaus einer Stunde. Auch in diesem Zusammenhang war insbesondere der Vergleich mit dem eigenen Unterrichtsstil hilfreich: Wie hätte ich die Stunde aufgebaut? Welchen Schritt empfinde ich als besonders wichtig, welchen hätte ich verändert/ersetzt?

Neben den neu gewonnenen Erkenntnissen und den Anregungen für den eigenen Unterricht stellte die Hospitation aber auch eine Möglichkeit dar, ein kleines Resümee unter das bereits Gelernte zu ziehen. So ist es sehr motivierend, während der Beobachtungen festzustellen, über welche Kenntnisse und Erfahrungen man bereits verfügt und womit man seinen Kommilitonen helfend zur Seite stehen kann. Das Gefühl „Das kann ich schon!" bestärkt und gibt Selbstvertrauen, das Richtige zu tun. Diese gegenseitige Unterstützung zwischen den Kommilitonen und der Austausch über die unterschiedlichen Erfahrungen und Kenntnisse sind unersetzlich und verleihen den Schulpraktischen Übungen den hohen Stellenwert, den sie in der Ausbildung zum Lehrerberuf besitzen.

3. Reflexion des gesamten Praktikums

Betrachtet man die Schulpraktischen Übungen im Kontext meiner bereits durchgeführten Praktika und des bereits absolvierten Studiums wird deutlich, dass eine sichtbare Entwicklung stattgefunden hat. So fühlte ich mich während der ersten Unterrichtsversuche im Blockpraktikum A und der Schulpraktischen Übungen in Gemeinschaftskunde noch spürbar unsicherer, was die Planung und Durchführung von Unterricht anbelangt. Insbesondere in Hinblick auf das Lehrerhandeln und die Interaktion mit den Schülern stellt sich langsam eine gewisse Sicherheit und in Bezug auf bestimmte Handlungen, ein Gefühl von Routine ein.

Dieser stufenweise Lernprozess impliziert auch die Ausbildung eines spezifischen Lehrstils. Während der Schulpraktischen Übungen wurde dies besonders deutlich. Durch die Hospitationen und die anschließende Diskussion mit den Kommilitonen und dem Mentor, zeigte sich, wie unterschiedlich die Vorstellungen von Unterricht sein können. Dies beginnt schon bei der Planung und dem Aufbau einer Unterrichtsstunde. Ließe man vier angehende Lehrer ein und dieselbe Unterrichtseinheit planen, so bekäme man vier unterschiedliche Stunden.

Noch viel deutlicher zeigt sich dies jedoch in den unterschiedlichen Ansichten über die Durchführung von Unterricht und den Vorstellungen darüber, welche Rolle der Lehrer gegenüber den Schülern einzunehmen habe.

Besonders diese Entwicklung eines persönlichen Unterrichtsstils ist entscheidend für die Ausbildung zum Lehrerberuf und wird erst in den durchgeführten Praktika ermöglicht und angeregt. Zwar werden die Studenten in den Vorlesungen und Seminaren zur Didaktik mit den einzelnen didaktischen Modellen und Prinzipien vertraut, aber nur durch das praktische Handeln und anschließende Reflektieren ist es möglich, sich über die Präferenz eines oder mehrerer didaktischer Modelle klar zu werden und diese für das eigene Unterrichten handhabbar zu machen. So ist es nicht möglich, das komplexe Unterrichtsgeschehen mit nur einem didaktischen Modell darzustellen. Ebenso wenig ist es realistisch, den eigenen Unterrichtsstil ausschließlich an ein oder mehreren didaktischen Modellen auszurichten, da diese eher als Hilfe, denn als Gesetzmäßigkeit zu verstehen sind und jeder Lehrer seine ganz eigene Form des Unterrichtens entwickelt.

IV.   Zusammenfassung

Rückblickend kann ich ein sehr positives Resümee unter die Schulpraktischen Übungen in Geographie ziehen. Dies betrifft nicht nur die Weiterentwicklung meiner didaktischen und fachlichen Kompetenzen als zukünftige Lehrerin, sondern vor allem den Austausch und die Diskussionen mit den Kommilitonen, sowie unserem Mentor und der Geographielehrerin der Klasse. Dadurch war es mir sowohl möglich, einen deutlichen Erkenntniszuwachs zu verzeichnen, als auch mir über meine eigene Sicht auf die Rolle des Lehrers bewusst zu werden. Mittels von Gesprächen und eigenen Reflexionen zu erkennen, wie ich vor den Schülern wirke und dies mit meinen eigenen Ansprüchen an mich selbst und meiner Zielstellung als Lehrerin zu vergleichen, war sehr gewinnbringend.
Des Weiteren fühle ich mich jetzt nach den Schulpraktischen Übungen stark in meinem Vorhaben bestätigt, Lehrerin zu werden. Die positiven Bewertungen, vor allem von Seiten des Mentors und der Geographielehrerin, haben Selbstvertrauen geschafft und die doch immer einmal wieder kehrenden Zweifel ausgeräumt. Ich habe mehr Sicherheit erlangt im Umgang mit den Schülern, sowie in der Planung und Durchführung von Unterricht, was mich nun motiviert und optimistisch auf den weiteren Verlauf meines Studiums blicken lässt.

V.   Quellen- und Literaturverzeichnis

Böhn, D. (1985): Fachdidaktische Grundbegriffe in der Geographie. -1. Aufl., Oldenbourg, München: 218S.

Haubrich, H. (Hrsg.) (2006): Geographie unterrichten lernen. Die neue Didaktik der Geographie konkret. -2., erweiterte und vollständig überarbeitete Aufl., Oldenbourg, München: 384S.

Köck, P. (2000): Handbuch der Schulpädagogik für Studium – Praxis – Prüfung. -1. Aufl., Auer, Donauwörth: 365S.

Rinschede, G. (2007): Geographiedidaktik. -3., völlig neu bearbeitete und erweiterte Aufl., UTB/Schöningh, Paderborn: 544S.

Sander, W. (2007): Politik entdecken – Freiheit erleben. Didaktische Grundlagen politischer Bildung. -2., vollst. überarbeitete und erweiterte Aufl., Wochenschau Verlag, Schwalbach/Ts.: 270S.

VI. Anhang

1. 1. Unterrichtsstunde: Vulkanismus – Gefahren und Nutzen

<u>Unterrichtsmaterialien:</u>

Brodengeier, E., Glanz, F., Jährig, M. (2006): TERRA. Geographie für Sachsen. 6. Schuljahr. Lehrbuch. -1. Aufl., Klett, Leipzig: S. 142 – 145.

Brodengeier, E., Glanz, F., Jährig, M. (2005): TERRA. Geographie für Sachsen. 6. Schuljahr. Arbeitsheft. -1. Aufl., Klett, Leipzig: A25.

Folie mit Bildern des Ätna:

2. 2. Unterrichtsstunde: Die Tschechische Republik – unser Nachbar

<u>Unterrichtsmaterialien:</u>

Westermann Verlag (Hrsg.) (2002): Diercke Weltatalas. 5. Aufl., Westermann, Braunschweig: S. 96.